四川省工程建设地方标准

四川省装配整体式住宅建筑设计规程

DBJ51/T 038 – 2015

Design Specification for Assembled Precast Residential
Buildings in Sichuan Province

主编单位：四 川 省 建 筑 设 计 研 究 院
批准部门：四 川 省 住 房 和 城 乡 建 设 厅
施行日期：2 0 1 5 年 5 月 1 日

西南交通大学出版社

2015 成 都

图书在版编目（ＣＩＰ）数据

四川省装配整体式住宅建筑设计规程 / 四川省建筑设计研究院主编. —成都：西南交通大学出版社，2015.5

（四川省工程建设地方标准）

ISBN 978-7-5643-3833-6

Ⅰ. ①四… Ⅱ. ①四… Ⅲ. ①住宅－建筑设计－设计规范－四川省 Ⅳ. ①TU241-65

中国版本图书馆 CIP 数据核字（2015）第 061357 号

四川省工程建设地方标准

四川省装配整体式住宅建筑设计规程

主编单位　四川省建筑设计研究院

责 任 编 辑	胡晗欣
封 面 设 计	原谋书装
出 版 发 行	西南交通大学出版社 （四川省成都市金牛区交大路 146 号）
发 行 部 电 话	028-87600564　028-87600533
邮 政 编 码	610031
网 　 　 址	http://www.xnjdcbs.com
印 　 　 刷	成都蜀通印务有限责任公司
成 品 尺 寸	140 mm×203 mm
印 　 　 张	1.75
字 　 　 数	41 千字
版 　 　 次	2015 年 5 月第 1 版
印 　 　 次	2015 年 5 月第 1 次
书 　 　 号	ISBN 978-7-5643-3833-6
定 　 　 价	23.00 元

关于发布四川省工程建设地方标准
《四川省装配整体式住宅建筑设计规程》的通知

川建标发〔2015〕37号

各市州及扩权试点县住房城乡建设行政主管部门，各有关单位：

由四川省建筑设计研究院主编的《四川省装配整体式住宅建筑设计规程》，已经我厅组织专家审查通过，现批准为四川省推荐性工程建设地方标准，编号为：DBJ51/T 038－2015，自2015年5月1日起在全省实施。

该标准由四川省住房和城乡建设厅负责管理，四川省建筑设计研究院负责技术内容解释。

四川省住房和城乡建设厅

2015年1月16日

前　言

根据四川省住房和城乡建设厅《关于下达四川省工程建设地方标准〈四川省装配整体式住宅建筑设计规程〉编制计划的通知》（川建标发〔2014〕96号文）的要求，由四川省建筑设计研究院会同有关单位共同编制本规程。规程编制组经广泛调查研究，认真总结国内各地实践经验，参考有关国内先进标准，并在广泛征求意见的基础上，制定本规程，最后经审查定稿。

本规程共分6章，主要内容包括：总则、术语、基本规定、建筑设计、结构设计、建筑设备及管线设计。

本规程由四川省住房和城乡建设厅负责管理，四川省建筑设计研究院负责具体技术内容的解释。请各单位在执行过程中，结合工程实践，总结经验。如有意见和建议，请寄至成都市高新区天府大道中段688号（大源国际中心）1栋四川省建筑设计研究院《四川省装配整体式住宅建筑设计规程》编制组（电话：028-86933790；邮编：610000；邮箱：scsjy1953@163.com）。

本规程主编单位：四川省建筑设计研究院

本规程参编单位：四川大学
　　　　　　　　四川省建筑科学研究院
　　　　　　　　四川省晟茂建设有限公司

四川建设集团有限公司

成都硅宝科技股份有限公司

四川华西绿舍建材有限公司

本规程主要起草人员：章一萍　贺　刚　隗　萍　熊　峰
　　　　　　　　　　张　瀑　涂　舸　郭　艳　李沄璋
　　　　　　　　　　王　瑞　邹秋生　胡　斌　张春雷
　　　　　　　　　　徐家伟　秦建国　舒利红　袁素兰
　　　　　　　　　　王泽良　陈杨

本规程主要审查人员：李学兰　佘　龙　王　洪　王金平
　　　　　　　　　　黄　洲　李宇舟　递特里

目 次

Contents

1 总 则

1.0.1 为了在装配整体式住宅建筑设计中贯彻执行国家的节能减排和建筑工业化政策，提高住宅建设的质量和水平，做到安全可靠、技术先进、节能环保、经济适用、施工方便，制定本规程。

1.0.2 本规程适用于四川省抗震设防烈度为 8 度及以下地区装配整体式钢筋混凝土结构的住宅建筑设计。

1.0.3 装配整体式住宅建筑设计除应符合本规程外，尚应符合国家和地方现行有关技术标准的规定。

2 术语

2.1.1 部件 component

建筑中满足特定功能要求的基本单元，由基本建筑材料、产品、零配件等集合而成。作为系统集成和技术配套整体的部件，可在施工现场进行组装，如整体厨房、整体卫生间。

2.1.2 模数协调 modular coordination

应用模数来实现尺寸及安装位置协调的方法和过程。

2.1.3 装配整体式混凝土结构 monolithic precast concrete structure

由预制混凝土构件通过可靠的方式进行连接并与现场后浇的混凝土、水泥基灌浆料形成整体的装配式混凝土结构，简称装配整体式结构。

2.1.4 装配整体式混凝土框架结构 monolithic precast concrete frame structure

全部或部分框架梁、柱采用预制构件构建成的装配整体式混凝土结构，简称装配整体式框架结构。

2.1.5 装配整体式混凝土剪力墙结构 monolithic precast concrete shear wall structure

全部或部分剪力墙采用预制墙板构建成的装配整体式混凝土结构，简称装配整体式剪力墙结构。

2.1.6 预制混凝土构件 precast concrete component

在工厂或现场预先制作的混凝土构件，简称预制混凝土构件。

2.1.7 叠合梁、叠合板　congruent beam、congruent package

在预制混凝土梁、板的顶部现场后浇混凝土而形成的整体构件，简称叠合梁、叠合板。

3 基本规定

3.0.1 装配整体式住宅应在保证质量和安全的前提下，部分或全部采用工业化生产的预制构配件和工业化、成品化的相关部件，达到一定规模的预制构配件和部件使用率。

3.0.2 在满足建筑使用功能的前提下，装配整体式住宅建筑设计应采用标准化、系列化设计方法，达到构配件、连接构造及设备管线的标准化和系列化。

3.0.3 装配整体式住宅应遵守模数协调的原则，实现建筑产品和部件的尺寸及安装位置的模数协调。

3.0.4 装配整体式住宅在总平面设计中应考虑预制构件的运输通道、堆放场地以及吊装设备所需空间。

3.0.5 装配整体式住宅中的预制构件的划分应满足以下要求：

   1 应符合模数协调原则，并尽量减少预制构件的种类；

   2 应与施工吊装、运输能力相适应，应符合吊装、运输设备的施工要求；

   3 预制框架柱、墙板的竖向划分宜在各层楼面处；

   4 受力合理；

   5 预制墙板沿水平方向的划分宜保证门窗洞口的完整性；

   6 预制构件生产、养护后的收缩变形不应影响构件的设计尺寸；

   7 预制构件应符合我国道路运输管理规定对尺寸及重量的有关要求。

3.0.6 各专业应遵守整体性的设计原则，充分配合，协调设计、施工、制作之间的关系。

3.0.7 装配整体式住宅的设备管线应综合设计。竖向管线宜相对集中布置，明设于管井内或暗设于现浇墙体内。

3.0.8 孔洞、管线、埋件等应采用预留或预埋，不应在现浇和预制混凝土结构构件上剔槽凿洞。

3.0.9 叠合板现浇层中预埋管线位置的板面，应采取增设钢筋网等有效防裂措施。

3.0.10 当预制外墙面上设置有给水管、排水管、雨水管、消防水管、冷凝水管、燃气管等管线时，应在预制构件上预埋固定管线的连接件，并应有连接构造大样。

3.0.11 管线成排或设备安装需要支吊架时，预制构件上应有用于固定管线支吊架的预埋件。

3.0.12 集中敷设管线或安装设备处，可局部采用现场现浇混凝土或砌体砌筑。

4 建筑设计

4.1 建筑模数协调

4.1.1 装配整体式住宅建筑设计应符合《建筑模数协调标准》GB/T 50002 的规定,采用基本模数或扩大模数的方法实现模数协调。

4.1.2 模数协调的内容,应符合下列要求:

    1 应用模数数列调整装配整体式住宅建筑设计与部件的尺寸关系,优化部件的尺寸和种类。

    2 部件组合时,应明确各部件的尺寸与位置,使设计、制造与安装等各部门能够配合简便。

4.1.3 装配整体式住宅宜采用 1M、2M、3M 等不同模数的模数网格进行设计,满足住宅建筑平面功能的灵活性。

    注:M 是基本模数的数值,1M=100 mm。

4.1.4 装配整体式住宅的平面布局中,卧室、起居室、厨房、卫生间及公共部位的楼梯间等宜采用模数网格设计。柱网开间、进深等定位轴线尺寸应遵循模数化原则进行整合设计。

4.1.5 柱、剪力墙、分户墙宜采用中心线定位法,当隔墙的一侧或两侧要求模数空间时宜采用界面定位法。

4.1.6 装配整体式住宅采用的优先尺寸宜符合表 4.1.6 规定。

表 4.1.6 装配整体式住宅适用的优先尺寸系列

类型	建筑尺寸			预制墙板尺寸		
部位	开间	进深	层高	厚度	长度	高度
基本模数	3M	3M	1M	1M	3M	1M
扩大模数	2M/1M	2M/1M	0.5M	0.5M	2M/1M	0.5M
类型	预制楼板尺寸		内隔墙尺寸		
部位	宽度	厚度	厚度	长度	高度
基本模数	3M	0.2M	1M	1M	1M
扩大模数	2M/1M	0.1M	0.2M	0.5M	0.2M

注:1 楼板厚度的尺寸序列宜为 80 mm、100 mm、120 mm、140 mm、
     150 mm、160 mm、180 mm。
   2 内隔墙厚度尺寸序列宜为 60 mm、80 mm、100 mm、120 mm、
     150 mm、180 mm、200 mm,高度与楼板的模数数列相关。

4.1.7 厨房、卫生间采用的优先尺寸宜符合表 4.1.7 规定。

表 4.1.7-1 厨房的优先尺寸

厨房家具布置形式	厨房开间净尺寸/mm	厨房进深净尺寸/mm
单排型	1 500	2 700
L 型	1 700、1 800	2 700、3 000
双排型	1 800	3 000、3 300
U 型	2 800	2 700

表 4.1.7-2　卫生间的优先尺寸

卫生间平面布置形式	卫生间开间 净尺寸/mm	卫生间进深 净尺寸/mm
单设便器卫生间	900	1 500
设便器，洗浴器两件洁具	1 300	1 600、1 800
设三件洁具（喷淋）	1 500、1 800	1 800、2 100
设三件洁具（浴缸）	1 500、1 800	2 100、2 200、2 400、2 700、3 000
设三件洁具（浴缸）洗衣机	1 500、1 800	2 200、2 400、2 700、3 000、3 200、3 400

4.1.8 楼梯采用的优先尺寸宜符合下列规定：

1 楼梯间的开间及进深的尺寸宜符合水平扩大模数 3M 的整数倍数；

2 预制梯段和平台构件的水平投影标志长度的尺寸宜符合基本模数的整数倍数；

3 楼梯梯段宽度宜采用基本模数的整数倍数；

4 楼层高度宜采用下列参数 2 700 mm、2 800 mm、2 900 mm、3 000 mm；

5 楼梯踏步的高度不应大于 175 mm，并不应小于 150 mm，各级踏步的高度均应相同；

6 楼梯踏步的宽度宜采用 260 mm、270 mm、280 mm、290 mm、300 mm。

4.1.9 门窗洞口采用的优先尺寸宜符合表 4.1.9 规定。

表 4.1.9　门窗洞口的优先尺寸

门窗洞口	最小洞宽	最小洞高	最大洞宽	最大洞高	基本模数	扩大模数
门洞口	7M	20M	24M	24M	3M	1M
窗洞口	6M	6M	24M	24M	3M	1M

4.2 平面设计

4.2.1 平面形状应简洁规整，平面不宜过长，转折和凸凹变化不宜过多。

4.2.2 应考虑承重墙、柱上下对齐贯通，出挑部分不宜过大。

4.2.3 门窗洞口应规整有序，尺寸宜统一，减少规格。

4.2.4 宜选用大开间的平面布局方式，满足住宅空间的灵活性、可变性。

4.2.5 应考虑卫生间、厨房的设备和家具产品及其管线布置的合理性，宜采用标准化的整体卫浴及整体厨房。整体厨房的顶棚、墙面、地面均应采用 A 级装修材料。

4.2.6 装配整体式剪力墙住宅的面积计算应符合《建筑工程建筑面积计算规范》GB/T 50353 的要求，当外墙为预制夹芯外墙板时，保温材料的水平截面面积应计入住宅楼建筑面积，其外部保护层或装饰层不计入建筑面积。

4.3 墙体设计

4.3.1 预制外墙设计应满足以下要求：

   1 预制外墙应根据立面造型、窗洞形式合理选择外墙构件划分方式，并应满足外墙防水、保温等功能要求以及结构安全、运输、安装和施工的合理性、经济性要求。

   2 预制外墙板应符合标准化、系列化要求，减少非标准化构件的数量，实现构件的可复制性和工业化生产。

   3 预制外墙的各种接缝部位、门窗洞口等构配件组装部位的构造设计及材料的选用应满足建筑的各类物理、力学性能，耐久性及装饰性的要求。

4 预制外墙板与部件及预制构配件的连接（如门、窗、管线支架等）应牢固可靠。

4.3.2 外墙防水设计应满足以下要求：

1 预制外墙接缝（包括屋面女儿墙、阳台、勒脚等处的竖缝、水平缝、十字缝以及窗口处）应根据工程特点和自然条件等，确定防水设防等级要求，进行防水设计。水平缝宜选用构造防水与材料防水结合的两道防水构造(图 4.3.2-1)，垂直缝宜选用结构防水与材料防水结合的两道防水构造(图 4.3.2-2，图 4.3.2-3)。

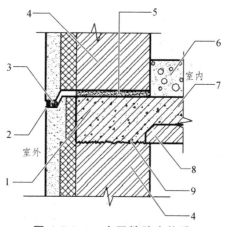

图 4.3.2-1 水平缝防水构造

1—钢筋混凝土后浇梁；2—建筑耐候胶；3—发泡聚乙烯棒；4—预制夹芯外墙板（含保温）；5—细石混凝土坐浆；6—建筑楼面面层；7—现浇楼板；8—预制楼板；9—接缝粗糙面

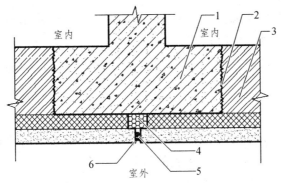

图 4.3.2-2　垂直缝防水构造一

1—钢筋混凝土现浇外墙；2—接缝粗糙面；3—预制夹芯外墙板（含保温）；4—后塞保温块（A级）；5—发泡聚乙烯棒；6—建筑耐候胶

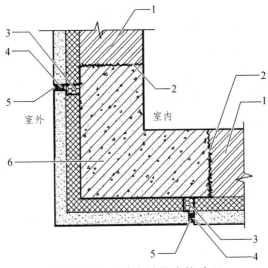

图 4.3.2-3　垂直缝防水构造二

1—预制夹芯外墙板（含保温）；2—接缝粗糙面；3—后塞保温块（A级）；4—发泡聚乙烯棒；5—建筑耐候胶；6—钢筋混凝土现浇外墙

2 预制外墙接缝采用材料防水时，必须采用防水性能可靠的嵌缝材料。外墙接缝材料还应符合下列要求：

　　1）外墙接缝宽度应满足在热胀冷缩及风、地震作用等影响下，其尺寸变形不会导致密封胶破裂或剥离破坏并满足密封胶最大容许变形率的要求；

　　2）接缝宽度应在 10 mm ~ 35 mm 内，密封胶的厚度应按缝宽的 1/2 且不小于 8 mm 设计；

　　3）外墙接缝所用的密封材料应选用耐候性密封胶，耐候性密封胶与混凝土的相容性、低温柔性、最大伸缩变形量、剪切变形性、防霉性、耐水性及耐老化性能等均应满足规范要求。

3 预制外墙接缝采用构造防水时，水平缝宜采用企口缝或高低缝，竖缝宜采用双直槽缝。

4 预制外墙接缝采用结构防水时，应在预制构件与现浇节点的连接界面设置粗糙面，保证预制构件和现浇节点接缝处的整体性和防水性能。

5 当屋面采用预制女儿墙板时，应采用与下部墙板结构相同的分块方式和节点做法，女儿墙板内侧在要求的泛水高度处应设有凹槽或挑檐等收头构造。

6 挑出外墙的阳台、雨篷等预制构件的周边应在板底设置滴水线。

4.3.3 外墙饰面设计应满足以下要求：

1 预制外墙板的饰面宜采用装饰混凝土、涂料、面砖、石材等耐久、不易污染的材料，考虑外立面分格、饰面颜色与材料质感等时应体现装配式建筑立面造型的特点。外墙外饰面宜在预制构件厂完成。

2 预制外墙的面砖和石材饰面应在构件厂采用一次成型工艺制作，面砖的厚度不应小于 5 mm，背面宜带燕尾槽。石材厚度不应小于 25 mm，背面应采用不绣钢卡件与混凝土实现机械锚固。涂料应选用装饰性强、耐久性好的材料。

4.3.4 预制内墙设计应满足以下要求：

1 预制内墙板应采用自重轻的材料，隔声及防火、防水性能应满足相关规范要求。分户墙上宜设置备用门洞。

2 预制内墙板应有满足与空调内机、壁挂电视、热水器、脱排油烟机等住宅部件牢固连接的构造措施。

3 预制内墙板之间及与主体结构应可靠连接，满足抗震及日常使用安全性要求，并采取构造措施防止装饰面层开裂剥落。

4.3.5 门窗设计应满足以下要求：

1 门窗洞口应在工厂预制定型，其尺寸偏差宜控制在±2 mm 以内，外门窗应按此误差缩小相应尺寸加工并做到精确安装。

2 预制外墙板的门窗框宜采用预装法。外门窗应与洞口主体结构可靠连接并通过密封胶密封，门窗与混凝土构件的接缝不应渗水。

3 采用后装法安装门窗框时，预制外墙板上应预埋连接件及预留连接构造。

4.4 楼面设计

4.4.1 装配整体式住宅的楼板与楼板、楼板与墙体之间的接缝宜采取保证结构整体性的措施。

4.4.2 楼板隔声及保温性能应满足相关规范要求。

4.4.3 卫生间宜采用同层排水，并有可靠的防渗漏措施。

4.4.4 降板房间（卫生间、厨房等）的位置及降板范围，应考虑板的跨度、设备管线布置等因素，并为以后房间的可变性留有余地。

4.5 内装修设计

4.5.1 装配整体式住宅的土建工程与装修工程宜一体化设计及施工。

4.5.2 装配整体式住宅应选用符合《民用建筑工程室内环境污染控制规范》GB 50325 和《建筑内部装修设计防火规范》GB 50222 规定的室内装修材料。

4.5.3 装配整体式住宅的室内装修宜采用装修部件、管道设备和主体结构分离的方式。

4.5.4 装配整体式住宅室内装修的主要标准构配件及部件宜以工厂化加工为主，部分非标准或特殊的构配件可由现场安装时统一处理。

4.6 建筑节能设计

4.6.1 装配整体式住宅的外墙保温可根据需要采用自保温外

墙板、夹芯复合保温外墙板和现场内保温墙体构造。保温材料及厚度应按工程所在地的气候条件和建筑围护结构热工设计要求确定，并符合下列要求：

1 宜采用轻质高效的保温材料，安装时保温材料的质量及含水率应符合相关国家标准的规定。

2 当采用预制夹芯复合外墙板构造形式时，其保温材料应选用憎水材料。

3 当采暖住宅建筑采用预制夹芯复合外墙板时，除门窗洞口周边允许有贯通的混凝土肋外，宜采用连续式保温层。

4 无肋预制夹芯复合外墙板中，穿过保温层的连接件，应采取与结构耐久性相当的防腐蚀措施，如采用铁件连接时，宜优先选用不锈钢材料并应考虑连接铁件对保温性能的影响。

4.6.2 带混凝土边肋或窗肋的装配整体式外墙板，其平均热阻应分别计算主断面和混凝土边肋热阻，可按面积加权平均。

4.6.3 穿过保温层的连接件，宜采用非金属材料。当采用钢筋（丝）、钢筋混凝土肋、不锈钢桁架等来连接内外两层混凝土板时，其计算平均传热系数应乘以 1.3 的修正系数。

4.6.4 预制外墙板与梁、板、柱相连时，其连接处宜采取措施，保持墙体保温的连续性。

4.6.5 带有门窗的装配整体式外墙板，其门窗洞口与门窗框间的气密性不应低于门窗的气密性。

5 结构设计

5.1 一般规定

5.1.1 本规程的装配整体式住宅结构形式包括装配整体式混凝土框架结构、装配整体式混凝土剪力墙结构以及装配整体式混凝土框架-现浇剪力墙结构。

5.1.2 除本规程规定外，结构设计尚应满足行业标准《装配式混凝土结构技术规程》JGJ1 及四川省工程建设地方标准《装配整体式混凝土结构设计规程》DBJ 51/T 024 的规定。

5.1.3 装配整体式住宅结构设计应重视预制构件的连接设计、预制构件的划分与布置及施工、制作、运输、安装阶段的验算和对施工的要求。

5.1.4 装配整体式住宅结构宜选择平面简单、规则、均匀、对称的方案。当剪力墙采用部分预制、部分现浇时，现浇剪力墙宜布置在下列位置：

1 楼、电梯间、公共管道井和通风排烟竖井等部位；

2 结构重要的连接部位、有较大应力和应变集中的部位；

3 结构底部加强部位；

4 短肢剪力墙；

5 其他不宜采用预制剪力墙板的部位。

5.1.5 装配整体式住宅结构中，结构转换层梁、板、转换柱不应采用预制构件；转换层板、受力或平面复杂以及开洞过大的楼层、作为上部结构嵌固部位的地下室顶板应采用现浇楼盖结构，屋面板、卫生间楼板宜采用现浇楼盖结构。

5.1.6 装配整体式住宅结构外墙、内隔墙采用预制大板时，整体计算时应考虑其对结构刚度的影响。

5.1.7 装配整体式混凝土住宅结构中预制构件（柱、梁、墙、板等）的连接设计，应遵循受力合理、连接简单、施工方便的原则，保证形成安全可靠的结构体系。重要且复杂的新型连接节点构造，应通过专门试验及专项技术论证。

5.2 预制构件设计

5.2.1 预制构件的计算及其构造应考虑脱模、翻转、运输、安装、堆放和使用各个阶段的不同工况，并应根据相应的荷载值，按国家现行标准《混凝土结构设计规范》GB 50010、《建筑结构荷载规范》GB 50009、《建筑抗震设计规范》GB 50011和《高层建筑混凝土结构技术规程》JGJ 3、《混凝土结构工程施工规范》GB 50666 的规定，进行各个阶段的承载力、变形及裂缝控制验算，其中，施工阶段的计算和验算可不考虑地震作用。

5.2.2 预制构件应合理选择吊具和吊点的数量和位置，使其在脱模、翻转、运输及安装阶段满足承载力、变形和裂缝控制的要求；预埋吊件应满足《混凝土结构设计规范》GB 50010中的相关要求。

5.2.3 预制构件的连接部位应采取措施，增加连接面的粘结力。连接面可设置抗剪键槽、水刷毛面或抗剪销筋。

5.2.4 装配整体式楼盖的叠合板的构造应符合下列要求：

1 叠合板的预制板厚度不宜小于 60 mm，现浇层厚度不应小于 60 mm。

2 叠合板的预制板搁置在梁上或剪力墙上的长度分别不宜小于 20 mm 和 15 mm。

3 叠合板中预制板板端应预留锚固钢筋。锚固钢筋应锚入叠合梁或墙的现浇混凝土层中，其长度不应小于 5d，且不应小于 100 mm。当板内温度、收缩应力较大时宜适当增加。

4 预制板上表面应做成水刷毛面或凹凸键槽或采取其他措施增加叠合面的粘结力。

5 对于楼板较厚及整体性要求较高的楼盖或屋盖结构，可采用格构式钢筋桁架叠合楼板。

5.3 预制构件连接设计

5.3.1 预制构件连接应进行承载能力极限状态计算及正常使用状态验算，预制构件连接面宜按承载能力极限状态计算。

5.3.2 在罕遇地震作用下，预制构件的连接区域不应先于连接以外区域破坏。

5.3.3 预制构件连接应考虑各构件之间钢筋的相互关系。

5.3.4 预制构件竖向钢筋连接宜采用灌浆套筒连接，水平钢筋的连接宜采用机械连接或焊接，锚固方式宜采用直锚或锚固板。

5.3.5 预制构件灌浆套筒连接应能有效传递压应力和拉应力，连接处箍筋应采用能有效约束核心区混凝土的箍筋构造方式。

6 建筑设备及管线设计

6.1 给排水系统及管线设计

6.1.1 装配整体式住宅卫生间宜优先采用同层排水设计。

6.1.2 连接整体式卫浴、整体式厨房的给水管道，在其连接处宜采用活接连接。

6.1.3 楼层分户水表至住户用水点的管道，不得直接敷设于结构楼板中。

6.1.4 装配整体式住宅厨房洗涤盆排水宜从楼面、地面之上连接至污水立管。

6.1.5 装配整体式住宅分体式空调冷凝水应有组织排放。

6.1.6 给排水立管穿楼板、屋面时，应有可靠防水措施。

6.2 供暖通风空调系统及管线设计

6.2.1 装配整体式住宅供暖、通风及空调系统设计应贯彻节能高效环保原则，同时必须满足《民用建筑供暖通风与空气调节设计规范》GB 50736、《四川省居住建筑节能设计标准》DB 51/5027 的相关要求。

6.2.2 夏热冬冷、温和气候区域的装配整体式住宅不宜在整栋楼设置集中供暖、空调系统。

6.2.3 装配整体式住宅采用低温热水地面辐射供暖系统时应符合以下要求：

1 应满足《地面辐射供暖技术规程》JGJ 142 的相关规定；

2 地面辐射供暖系统宜采用干式施工；

3 低温热水地面辐射供暖系统分、集水器应设置在便于维修管理的位置；分、集水器在墙体内嵌入安装时，不宜设置在钢筋混凝土墙上。

6.2.4 装配整体式住宅应根据供暖、通风、空调及燃气系统的设备布置和系统管道走向，做好穿墙、梁、板的洞口预留和套管预埋设计。

6.3 电气及管线设计

6.3.1 装配整体式住宅电气设计应结合构件预制情况，合理确定布线方式及设备安装方式。

6.3.2 装配整体式住宅套内家居配电箱及家居配线箱宜设置于非预制墙体内。

6.3.3 管线敷设应符合下列规定：

1 埋地敷设的管线或沿顶板暗设的管线应敷设在叠合楼板现浇层内；

2 除照明管线外，住宅套内的水平管线不宜在顶板内敷设；公共区域沿顶板敷设的管线宜沿顶板明敷设或在吊顶内敷设；

3 住宅套内沿墙敷设的管线应暗敷设，公共区域沿墙敷设的管线宜暗敷设；

4 当预制墙体内有贯通的孔洞时，宜利用贯通的孔洞作为管线通路。

6.3.4 预制构件内导管与构件外部导管连接时，应在构件内导管连接处设置连接头或接线盒，并应留有施工操作空间。

6.3.5 需设置局部等电位联结的场所，各构件内的钢筋应作可靠的电气联结，并与 LEB 箱连通。

6.3.6 装配整体式住宅的防雷接地措施除应满足现行《建筑物防雷设计规范》GB 50057 相关规定外，尚应符合以下规定：

  1 应优先利用建筑物现浇混凝土内钢筋作为防雷装置；

  2 当无现浇混凝土内钢筋用作防雷引下线时，宜利用预制剪力墙、预制柱内的部分钢筋作为防雷引下线；预制构件内作为防雷引下线的钢筋，应在构件接缝处作可靠的电气连接；

  3 应在构件接缝处预留施工空间及条件。

6.3.7 当对阻燃及防火有要求的消防管线在无阻燃、防火作用的内隔墙中敷设时，应根据现行相关标准、规范的要求采取相应的阻燃及防火措施。

本标准用词用语说明

1 为便于在执行本标准条文时区别对待，对于要求严格程度不同的用词说明如下：

　　1）表示很严格，非这样做不可的：

　　　　正面词采用"必须"，反面词采用"严禁"。

　　2）表示严格，在正常情况下均应这样做的：

　　　　正面词采用"应"，反面词采用"不应"或"不得"。

　　3）表示允许稍有选择，在条件许可时，首先应这样做的：

　　　　正面词采用"宜"，反面词采用"不宜"；

　　　　表示有选择，在一定条件下可以这样做的，采用"可"。

2 标准中指明应按其他标准、规范执行的写法为："应按……执行"或"应符合……的规定（或要求）"。

引用标准名录

1 《建筑结构荷载规范》GB 50009

2 《混凝土结构设计规范》GB 50010

3 《建筑抗震设计规范》GB 50011

4 《建筑物防雷设计规范》GB 50057

5 《建筑内部装修设计防火规范》GB 50222

6 《民用建筑工程室内环境污染控制规范》GB 50325

7 《混凝土结构工程施工规范》GB 50666

8 《民用建筑供暖通风与空气调节设计规范》GB 50736

9 《建筑模数协调标准》GB/T 50002

10 《住宅建筑模数协调标准》GB/T 50100

11 《建筑工程建筑面积计算规范》GB/T 50353

12 《建筑门窗洞口尺寸系列》GB/T 5824

13 《建筑模数协调统一标准》GBJ 2

14 《建筑楼梯模数协调标准》GBJ 101

15 《装配式混凝土结构技术规程》JGJ 1

16 《高层建筑混凝土结构技术规程》JGJ 3

17 《地面辐射供暖技术规程》JGJ 142

18 《住宅厨房模数协调标准》JGJ/T 262

19 《住宅卫生间模数协调标准》JGJ/T 263

20 《四川省居住建筑节能设计标准》DB 51/5027

21 《装配整体式混凝土结构设计规程》DBJ51/T 024

四川省工程建设地方标准

四川省装配整体式住宅建筑设计规程

DBJ51/T 038 – 2015

条 文 说 明

目　　次

3 基本规定

3.0.1 装配整体式住宅的特点是应用钢筋混凝土预制外墙、预制内墙、预制楼梯、叠合楼板、阳台板、空调板等预制构配件和整体厨房、整体卫生间等功能性部件，通过工厂预制、机械化装配并考虑装修需求预留接口。根据各地的调研和已有经验，这种住宅的设计中，合理应用预制构件尤为重要。过小规模的预制装配不能发挥工业化住宅的特点，反而增加了施工现场预制吊装与现浇作业之间的矛盾。因此，预制构件的合理使用才能达到合理规模、节省工期、提高效率、提升品质，推动住宅产业化的发展。

3.0.2 住宅工业化的前提是标准化，装配整体式住宅从工厂生产到现场建造的过程，需要在产品质量、品种规格、构件通用等方面规定统一的技术标准才能保证项目顺利进行。系列化是在标准化的基础上，为适应住宅的不同需求和条件，采取更换一些不同部件的办法衍生出新的产品。系列化的目的是以最少的品种来适应最广泛的用途，扩大生产量，降低成本。

3.0.3 装配整体式住宅的工业化，离不开标准化，标准化离不开模数化，而模数化的核心内容离不开模数协调，其中包括建筑物与部件之间的模数协调，以及部件与部件之间的模数协调。因此在本规程中，强调这一原则。

3.0.4 装配整体式住宅是一个系统工程，它的特点是现场湿作业少，大部分构件在工厂里按计划预制，并按时运到现场，经过短时间存放进行吊装。施工组织计划和各施工工序的有效衔接相比传统的施工建造方式尤为重要。好的计划能降低成本，提高效率，提升质量，充分体现装配整体式住宅的产业化特征。

3.0.7 结合装配整体式住宅的特点，给排水、暖通及电气专业的管线布置应综合考虑，尽可能减少管线在墙体和楼板内的交叉。

4 建筑设计

4.1 建筑模数协调

4.1.1 模数协调的目的在于减少预制构配件的规格和尺寸，为设计人员提供较多的自由度。针对装配整体式住宅的特点，宜采用基本模数或扩大模数的设计方法，以实现构配件尺寸的协调。

4.1.2 建筑模数协调应用模数数列调整住宅建筑及部件或组合件（如设备、家具、装饰制品）的尺寸关系，减少、优化部件或组合件的尺寸、种类。明确各部件或组合件的位置，使设计、制造、运输及安装等各个环节的配合简单、明确，达到高效率和经济性。

4.1.3 结合装配整体式住宅建筑的特点，建议设计采用 1M、2M、3M 灵活组合的模数网格。这样在满足住宅建筑平面功能布局灵活性的同时，也能达到模数网格协调。

4.1.4 装配整体式住宅建筑的平面布局可以通过模数网格来表示，其主体结构可通过基准面定位，在模数网格与主体结构构件尺寸之间可采取灵活叠加的方式设置。

4.1.5 装配整体式住宅建筑一般可采用中心线定位法，包括框架柱子间设置的分户或分室隔墙的定位。当隔墙的一侧或两侧需要以模数空间形式时，宜采用界面定位法。

4.1.6 优先选用部件中通用性强的尺寸关系，并指定其中几种尺寸系列作为优先尺寸。其他部件的尺寸，要与已选定部件的优先尺寸关联配合。优先尺寸要适用于部件或组合件基准面之间的尺寸。

4.1.7　厨房、卫生间均是具有多道安装工序的空间，此部分空间应满足下道工序安装各类部件或组合件的模数空间要求。除此外还应满足《住宅厨房模数协调标准》JGJ/T 262 - 2012，《住宅卫生间模数协调标准》JGJ/T 263 - 2012 的要求。

4.1.8　本条文参照《建筑楼梯模数协调标准》GBJ 101 - 87，考虑住宅建筑楼梯的常用尺寸范围，在系列化的设计中，宜选择标准的住宅层高，实现楼梯标准化。

4.1.9　本条文参照《建筑门窗洞口尺寸系列》GB/T 5824 - 2008，考虑住宅建筑的常用尺寸范围。

4.2　平面设计

4.2.1　建筑设计应重视其平面、立面和剖面的规则性，宜优先选用规则的形体，同时便于工厂化、集约化生产加工，提高工程质量，并降低工程造价。

4.2.2　建筑抗侧力构件的平面布置宜规则对称、侧向刚度沿竖向宜均匀变化。

4.2.3　门窗洞口尺寸规整既有利于门窗的标准化加工生产，又有利于墙板的尺寸统一和减少规格。

4.2.4　住宅建筑一般设计使用年限为 50 年，国外已经出现了百年住宅，因此为使用提供适当的灵活性，满足居住需求的变化尤为重要。已有的经验是采用大空间的平面，合理布置承重墙及管井位置。在装配整体式住宅中采用这种平面布局方式不但有利于结构布置，而且可减少预制楼板的类型。但设计时也应适当考虑实际的构件运输及吊装能力，以免构件尺寸过大导致运输及吊装困难。

4.2.5 对于厨房、卫生间不仅要求功能合理，且应符合建筑模数要求，同时还应考虑厨房、卫生间内配套设备以及管线的合理布置，设计宜采用预制整体式卫生间和工厂一体化加工的橱柜成品。

4.2.6 依据《建筑工程建筑面积计算规范》GB/T 50353 – 2013 中 3.0.24 条"建筑物的外墙外保温层，应按其保温材料的水平截面积计算，并计入自然层建筑面积"。装配整体式住宅当采用预制夹芯外墙板时，如果将保温外部的混凝土保护层计入建筑面积，会提高外墙所占面积，因此用本条来保证装配式建筑与常规建筑面积计算的一致性。

4.3 墙体设计

4.3.1

　　1 装配整体式住宅的生产流程由构件的工厂化预制、运输、现场施工安装三个主要步骤组成，而预制构件的划分设计与它们之间的联系都非常紧密。构件划分的合理与否直接关系到预制构件生产的质量、效率和成本，同样也会影响到运输、吊装及现场施工的质量、效率及成本，影响到外墙防水、保温等功能要求，影响到立面的构成及其形式等方面。因此，在装配整体式住宅设计中，结合立面形式表现结构特征和材料特征进行预制外墙的构件划分尤为重要。

2 装配整体式住宅的特点是预制，它是将建筑各功能构件在工厂内预先做好，然后再运输到建筑工地现场组装而成。预制的目的是采用工业化的生产方式建设住宅，推进"住宅产业化"。标准化、系列化有利于保证生产和安装外墙板的质量、效率，节约材料、减少环境污染。

3 装配整体式住宅的关键是各种节点，包括墙板与墙板之间；墙板与楼板之间；承重墙与非承重墙之间；楼板之间；女儿墙与屋面和外墙之间，预制部件与预制墙板、阳台和楼板之间等各种连接部位的节点的接口处理，其构造及性能直接关系到装配整体式住宅的防水、防火、保温、隔热、隔声等物理性能。20世纪80至90年代的"预制大板建筑"，除了保温效果差以外，还有一个显著缺点是预制板的节点部位往往形成渗漏死穴，一些老旧住房外墙渗漏大多出现在这些部位，而且很难根除，因此节点部位的接口设计非常重要。

4 预制外墙板上要为部件及预制构配件预留连接条件，但不能影响外墙本身的结构安全，如当在外墙上预留空调机钢制角架及外装饰百叶时，应该将预埋件直接连接到预制夹芯外墙板的承重部分，避免连接到保温层外侧的保护层而造成安全隐患。

4.3.2

1 预制外墙防水是重要的性能要求。各种接缝如果不进行防水处理就会造成房屋的渗漏，因此应加强防水设计。材料防水是指用建筑耐候胶等材料直接嵌缝，构造防水是采用构造措施有效防止水向内渗流，结构防水是采用墙体结构层防水。

4 实际工程中，为了加强预制构件与现浇混凝土的整体性，提高其抗剪性能，往往在预制构件与现浇混凝土的连接面采用开槽或粗糙面，这种做法利用了混凝土的材料特征，加大了预制部分与现浇部分之间连接的表面面积,并提高了现浇节点的防水性能。

4.3.3

1 外墙外饰面宜在构件厂完成，其质量、效果和耐久性都要大大优于现场湿作业，并大大减少了人工劳动。设计要充分利用工厂化预制的条件，选用合适的建筑外装饰材料，设计好墙面分格、饰面色彩、质感等细部，充分利用混凝土预制的条件体现其特点。

2 采用面砖、石材等一次成型工艺能减少工序，其质量及外贴面砖、石材等的粘接性能较好，耐候性好，面砖尺寸可适当放大。为了增强安全性，面砖要求燕尾槽，石材应采用不绣钢卡件。后贴工艺是传统的工艺，其质量及粘接性能较差，故不建议采用。

4.3.5

1 在预制外墙上预制的门窗洞口，其模板的统一性及精度决定了其门窗洞口尺寸偏差很小，便于控制。与工厂化制造的外门窗比较匹配，施工工序简单、省时省工；工程质量好，门窗不容易漏水。

2 预装法是将门窗框直接在工厂预装在预制外墙板上，其优点是质量更加可靠，减少了门窗的现场安装工序，但应注意成品保护。

4.4 楼面设计

4.4.1 参考四川省工程建设地方标准《装配整体式混凝土结构设计规程》DBJ51/T 024－2014 中比较成熟的做法：通过现浇节点做法，将预制构件连接到一起的，也可部分采用焊接或螺栓连接等方法。

4.4.3 同层排水可减少住户之间干扰，宜推荐采用。同层排水主要形式有：装饰墙敷设、降板填充敷设、降板架空层敷设及外墙敷设等。各种形式均有优缺点，设计人员可根据工程情况确定。

4.4.4 厨房、卫生间等房间，管线敷设较多，条件较为复杂，设计时应提前考虑。如果要求预制构件开洞、留槽、降板等，均应详细设计，提前在工厂加工完成，再到现场安装。

4.5 内装修设计

4.5.3 装修部件、管道设备和主体结构的分离能够达到在建筑的使用寿命内装修部件、管道设备可更换且不影响主体结构安全的目的。

4.5.4 装配整体式住宅内装修立足于部件的工业化生产，其精度和品质大大优于传统装修方式，大大减少现场手工制作，使得装修施工现场实现装配化的可能。

4.6 建筑节能设计

4.6.1 装配整体式住宅建筑通常采用预制夹芯复合外墙板，

即从外至内为混凝土装饰保护层—保温层—预制墙板，它的厚度和混凝土强度等级可根据抗震、保温、防水等建筑要求确定。保证保温层的连续性可减少连接构件、避免冷桥，对于保温效果影响显著。

4.6.3 预制混凝土外墙保温材料与混凝土墙板的连接，其连接件应注意避免形成冷桥，宜采用玻璃纤维、PE 等非金属材料。当保温层的混凝土保护层由于自重过大等问题，根据设计需要采用钢筋(丝)桁架等金属材料与钢筋混凝土墙板连接时，在热工计算时，预制外墙平均传热系数应乘以 1.3 的修正系数，确保整体的热工性能不受削减。

4.6.4 由于预制外墙为保温一体化的建筑构件，当其与梁、板、柱等其他结构构件连接时，连接处作为确保外保温连续的关键环节，宜采取处理措施，避免此处形成冷桥，产生内部结露，降低预制外墙的保温性能。

4.6.5 外门窗作为热工设计的关键部位，其热传导占整个外墙传热的比例很大。为了保证建筑节能，要求外窗具有良好的气密性能，以避免冬季室外空气过多地向室内渗漏。随着外门窗本身保温性能的不断提高，门窗框与墙体之间缝隙成了保温的一个薄弱环节。预制混凝土外墙可将门窗与墙体的安装过程在工厂同步完成，故应在加工过程中更好地保证门窗洞口与框之间的密闭性，避免形成冷桥。

5 结构设计

5.1 一般规定

5.1.1 框架-剪力墙结构是目前我国广泛应用的一种结构体系，考虑到目前的研究现状，本规程提出的装配整体式混凝土框架-现浇剪力墙结构中，建议剪力墙采用现浇结构，以保证结构的整体抗震性能。其他形式的装配式混凝土结构，如装配式混凝土筒体结构、板柱结构、部分框支剪力墙结构等，由于研究工作及工程实践较少，本规程暂不包括。

5.1.2 行业标准《装配式混凝土结构技术规程》JGJ 1 及四川省工程建设地方标准《装配整体式混凝土结构设计规程》DBJ51/T 024 已发布实施，相同的内容本规程不再列入。

5.1.5 本条所指的转换层梁、板、转换柱是除部分框支剪力墙结构以外的情况。转换梁、框支梁、转换柱、框支柱是保证结构抗震性能的关键受力部位，且往往构件截面较大、配筋多，节点构造复杂，不适合采用预制构件；转换层板、平面复杂或开洞过大的楼层、作为上部结构嵌固部位的地下室顶板处的楼板作为传递水平力的重要构件，受力大且复杂应采用现浇楼盖结构；卫生间楼板由于管道及洞口多，易造成防水隐患，宜采用现浇楼盖结构。

5.1.7 装配式建筑的关键在于预制构件之间的连接，连接节点构造不仅应满足结构的力学性能，尚应满足建筑物理性能和立面设计的要求。连接节点构造类型的选用，主要应根据建筑高度和抗震要求确定，没有足够经验的重要且复杂的新型连接节点性能应进行试验验证。

5.2 预制构件设计

5.2.1 预制构件在脱模、翻转、运输、安装等各个环节的设计验算是非常重要的。预制构件应考虑施工阶段的附加要求，对制作、运输、安装过程中的安全性进行分析。主要理由：1）此阶段的受力状态和计算模式经常与使用阶段不同；2）预制构件的混凝土强度等级在此阶段尚未达到设计强度。因此，许多预制构件的配筋，不是使用阶段的设计计算起控制作用，而经常是此阶段的设计计算起控制作用。

5.2.4 叠合板的预制板搁置在梁上或剪力墙上，为了不妨碍梁和剪力墙钢筋通过和对剪力墙截面较大削弱，本规程按20 mm 和 15 mm 作为搁置长度，由于预制板的制作误差和剪力墙施工的偏差，很难保证此类构件在梁、墙上的有效支承。叠合板在使用阶段主要是叠合部分的钢筋混凝土抗剪和预制板的锚筋发挥销栓作用抗剪，但施工阶段上述抗剪作用均不能发挥，因此，施工阶段必须采取有效措施（如硬架支模），保证施工时预制板不会脱落，确保施工安全。

6 建筑设备及管线设计

6.1 给排水系统及管线设计

6.1.1 同层排水可减少住户之间摩擦，保护个人财产与隐私，宜推荐采用。同层排水主要形式有：装饰墙敷设、外墙敷设、降板填充敷设及降板架空层敷设等。有条件时建议优先采用装饰墙敷设或外墙敷设形式。"

6.1.2 采用活接连接是为连接整体式卫浴、整体式厨房提供方便接口。

6.1.3 给水横管宜明设，当明设有困难时可敷设在吊顶内，或设于楼地板找平层中。

6.2 供暖通风空调系统及管线设计

6.2.1 装配整体式住宅具有良好的节能、节水、节材、环保性能，已成为我国普及绿色建筑的重要途径，装配整体式住宅建筑的供暖、通风及空调系统设计更应贯彻节能、高效、环保原则。

6.2.2 集中式供暖、空调系统所需的管井，其数量和位置分布必然影响建筑预制构件的划分，不利于标准化生产，造成装配整体式住宅预制装配率降低。另外，大量研究表明集中供暖、空调系统由于存在输配能耗及过量损失，在住宅中使用其能量消耗远大于分散系统，不利于建筑节能，故做出本规定。

6.2.3 低温热水地面辐射供暖具有节能、舒适、卫生等的特点，同时地面辐射供暖系统具有热惰性，特别适合于需要连续供暖的住宅。

常规低温热水地面辐射供暖采用湿式填料，在加热管上敷设豆石混凝土填充层。干式地板辐射供暖系统具有良好的热稳定性，地板构造层简单、施工及维护方便，同时还可以减小结构荷载。由干式作业取代了湿式作业，现场作业量、垃圾排放均明显减少，更能体现装配式建筑节水、节材和环保性能。

分集水器安装位置管道密集，即使在预制、现浇墙上按照要求预留了分集水器和管道的安装空间，实际操作时往往因为预留不准确造成施工困难，现场调整管线条件也非常受限，同时后期系统维护也不方便。故分集水器在墙体内嵌入安装时，不宜设置在钢筋混凝土墙上。

6.2.4 装配整体式住宅应尽量避免在预制件上现场开洞，因此前期管道穿墙、梁、板洞口预留和套管预埋工作非常重要，设计宜根据机电管道走向，绘制预留图。对于采用分户式集中空调系统的装配整体式住宅，由于空调管线布置复杂，设计应完善空调风系统、水系统及冷媒管道布置平面，并根据施工图设计，对穿墙、梁、板的洞口和套管做准确的标识。

6.3 电气及管线设计

6.3.1 装配整体式住宅柱、墙、板、梁等构件的部分或全部为工业化生产预制，设置在预制构件内的管线需要在工厂内安装，非预制构件内的管线需现场安装。因此电气设计需要结合构件预制情况合理选择管线走向和埋设方式以及设备的安装方式，在满足功能需求的情况下，尽可能地让构件标准化，以提高构件在工厂加工率。

6.3.2 家居配电箱及家居配线箱的出线部分沿墙引至顶板敷设，其余部分为沿墙引下沿底板敷设，两种路径中均存在管线在墙与板交接处的连接。箱体所在墙体处管线较集中，将箱体设置于非预制墙体内，其进出管线在墙与板交接处施工相对更方便。

6.3.3 装配式建筑的叠合楼板分为上下两层，上层为现浇层，下层为工厂预制层。由于叠合楼板在现场拼装后再整体浇注上面的现浇层，与管线设置于预制层比较，管线在上层敷设施工更方便快捷。

在装配整体式住宅中，梁为叠合梁，若管线沿顶板敷设，则管线将多处穿越叠合梁。在工厂预制时，叠合梁在管线穿越处需要埋设套管，这将降低叠合梁加工效率。

6.3.4 由于构件内的导管在工厂内已经埋设在墙、柱、梁等构件内，在现场构件拼装或构件与其他现浇构件连接时，导管需要贯通，因此需要设置连接头或接线盒，在连接处将两段导管连通，可参照图6.3.4方式进行连接。当设置接线盒对美观有影响时，宜设置连接头。施工操作空间大小应视连接头情况定，建议不小于 100 mm × 100 mm × 100 mm，并应在施工完成后对操作空间进行封闭。

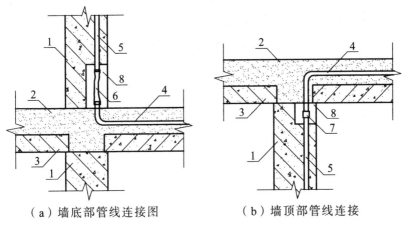

（a）墙底部管线连接图　　　　（b）墙顶部管线连接

图 6.3.4

1—预制墙板；2—叠合楼板现浇部分；3—叠合楼板预制部分；4—现场预埋导管；5—工厂内预埋导管；6—现场对接软管；7—现场对接接头；8—墙板预留孔洞

6.3.5 装配整体式住宅的梁、楼板、柱在拼装前均为各自独立构件，在现场拼装后，柱、梁、楼板的钢筋进行了可靠连接，但预制墙板内的钢筋未必与以上构件内的钢筋进行了可靠连接，因此在需设置局部等电位连接的场所，应将各块预制墙板内钢筋与楼板（或柱）内钢筋接通形成等电位。

6.3.6 本规程结构要求预制剪力墙（柱）的拼接采用套筒灌浆连接，根据套筒灌浆连接的作法要求，在连接处上下两块预制剪力墙（柱）内钢筋是不直接连通的，即预制剪力墙（柱）

的钢筋不能直接作为防雷引下线。因此，设计中需要明确构件中哪些钢筋作为防雷引下线使用，作为防雷引下线使用的钢筋应在构件连接处作可靠的电气连接。钢筋的连接可以采用钢筋搭接或螺栓紧固的卡接器连接，在构件加工时需考虑施工空间及条件，施工条件包括跨接钢筋的预留等。